GUIDE-PRATIQUE

DU

PROPRIÉTAIRE DE VIGNOBLE

Par VIGNIAL,

MAIRE DE LATRESNE, VICE-PRÉSIDENT DU COMICE
AGRICOLE CANTONAL DE CRÉON.

BORDEAUX

FÉRET ET FILS, LIBRAIRES-ÉDITEURS

15, COURS DE L'INTENDANCE, 15

—

Décembre 1871.

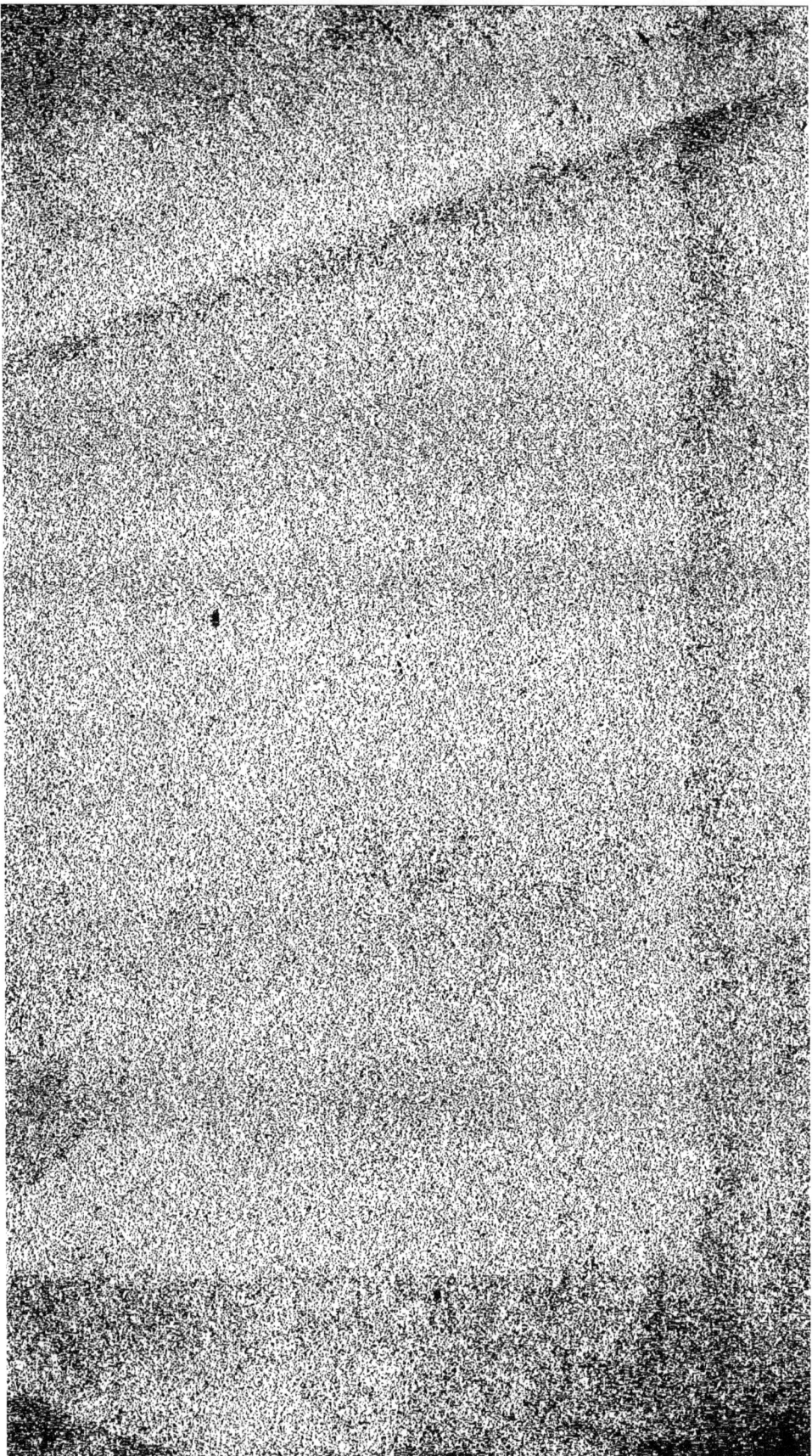

GUIDE-PRATIQUE

DU

PROPRIÉTAIRE DE VIGNOBLE

Par VIGNIAL,

MAIRE DE LATRESNE, VICE-PRÉSIDENT DU COMICE
AGRICOLE CANTONAL DE CRÉON.

BORDEAUX
FÉRET ET FILS, LIBRAIRES-ÉDITEURS
15, COURS DE L'INTENDANCE, 15
—
Décembre 1871.

GUIDE-PRATIQUE

DU

PROPRIÉTAIRE DE VIGNOBLE

Par VIGNIAL,

Maire de Latresnes, et Vice-Président du Comice
agricole cantonal de Créon.

——◦◦◦——

Le propriétaire d'un vignoble, s'il veut l'exploiter avec fruit, doit avoir des connaissances assez étendues sur le choix des cépages, le moment opportun de vendanger, l'installation et les travaux du cuvier et du cellier, le soutirage et le fouettage des vins ; enfin sur les conditions particulières de la vente de ses récoltes.

CÉPAGES.

Le choix des cépages est très-important pour avoir la qualité de vin que l'on désire. Le vin de telle contrée se fait remarquer par le corps, le vin de telle autre par la couleur, enfin le vin d'une autre contrée par le bouquet ou la finesse. On cherche donc à donner au vin que l'on récolte la qualité la plus prononcée qu'il acquiert dans le vignoble que l'on possède ; on a des cépages qui, mêlés ensemble, se corrigent mutuellement de leurs défauts, même avec les défauts qu'ils ont. Le plus essentiel, c'est qu'ils donnent du corps au vin qui entre dans la généralité de la consommation. Le corps est la qualité fondamentale du vin. On cherche pourtant à allier le corps avec la quantité par un heureux assemblage de cépages. Malheureusement ces deux qualités ne se rencontrent pas et s'excluent mutuellement dans le même sujet. On n'oublie pas qu'en réalité il y a moins de vin dans une barrique s'il a peu de corps que dans une barrique de vin très-alcoolique.

On a abandonné les verdots que l'on voyait autrefois en si grande quantité dans nos riches paluds. Ils ne produisaient que médiocrement et mûrissaient mal quand les étés étaient pluvieux. Aussi les vendanges se prolongeaient-elles jusqu'à la fin du mois d'octobre et il n'était même pas rare de voir les raisins de verdots encore sur pied au commencement du mois de novembre, parce qu'ils n'étaient pas suffisamment mûrs pour être cueillis. Les raisins de ce cépage, arrivés à un degré plus ou moins avancé de maturité, se conservaient ainsi et n'avaient à redouter que les précoces gelées qui venaient souvent les étreindre. Alors on voyait des vignes dépouillées de leurs feuilles, montrant des fruits ridés par les rigueurs atmosphériques. La forme en éventail, qui facilite la maturation, permet de planter aujourd'hui les verdots avec l'assurance de pouvoir cueillir leur fruit plus hâtivement qu'autrefois; fruit qui donne au vin le corps et la couleur que le commerce recherche avec tant de soin.

Il existe, ou plutôt il semble exister un très-grand nombre de cépages, parce que plusieurs sont désignés sous des noms différents, mais il n'y en a qu'une certaine quantité de bons : ce sont ceux qui réussissent le mieux dans la contrée où l'on a un vignoble, qu'il faut savoir bien choisir quand on fait une plantation ; c'est un travail qui, s'il est bien exécuté, donne des sujets qui durent un demi-siècle et dont la bonté des produits suit la progression de l'âge.

Il serait bien à désirer pourtant qu'on ne s'en tînt pas aux seuls cépages que nous avons dans le Bordelais ; qu'on essayât de ceux des autres centres vinicoles où les vins ont des qualités remarquables. Il faudrait pour cela que l'on allât goûter les raisins sur pied au moment des vendanges. Sans aucun doute, ces cépages, transplantés chez nous, ne produiraient pas des vins tout-à-fait semblables aux vins qu'ils donnent chez eux ; ils seraient moins bons dans des terrains qui produisent des vins communs, que dans le sol qu'ils ont quitté, s'ils s'y plaisaient davantage. Mais par la seule raison qu'il en serait ainsi, ils acquerraient des qualités nouvelles dans les crûs cités par l'excellence de leurs produits. Le pinot de Beaume et le syrac de l'Hermitage, si bien acclimatés chez nous, en fournissent la preuve : quand ils arrivent dans un terrain privilégié, ces cépages conservent beaucoup de leurs qualités premières ; au bout d'un certain temps, ils perdront probablement de ces qualités, il faudra alors les renouveler avec des plants d'origine. Enfin, ils changeront plus ou moins de nature suivant leur exposition, aimant, comme tous les cépages, les rayons fécondants du soleil de notre belle Gironde.

VENDANGES.

On vendange de préférence par un temps brumeux. Les grains de raisins prennent alors tout leur déve loppement, s'ils sont assez mûrs. Quand on vendange par un temps sec les grains rendent peu, arrêtés ainsi dans leur travail et le vin fermente longtemps dans les barriques. Le bon moment pour vendanger les vignes rouges est celui où quelques grains de raisins commencent à se gâter et se détachent facilement de la rape quand on les touche ; aussi doit-on cueillir les raisins avec un petit sécateur et non avec un couteau pour ne pas voir les grains tomber sur le sol en secouant la rape. La vigne donne alors tout ce qu'elle peut produire ; le vin ainsi fait à point, est naturellement meilleur. On ne doit pas cependant trop attendre pour vendanger, afin que le vin n'ait pas un goût de moisi.

Les raisins blancs ne sont cueillis que lorsqu'ils commencent très-généralement à pourrir ; on revient ordinairement trois fois dans la même pièce de vignes quand on fait les vendanges et à des jours assez éloignés les uns des autres. On fait donc un choix sur chaque pied. Le premier triage, pressé que l'on est par le temps que l'on met à vendanger, ne donne pas du vin aussi bon que le deuxième triage parce que les raisins ne sont pas assez pourris. Le deuxième triage produit de meilleur vin non-seulement que le premier triage, mais aussi surtout que le troisième parce que lorsqu'on vendange alors, on est dans le moment où les raisins sont généralement bons à cueillir, si quelque cause ne les a pas arrêtés dans leur travail ; par suite le vin du troisième triage est le plus défectueux : il est fait avec des raisins qu'à plusieurs fois on a dû laisser sur pied parce qu'ils ne remplissaient pas les conditions nécessaires pour faire de bon vin, conditions qu'ils ne peuvent alors généralement remplir que très imparfaitement.

En résumé, on n'oublie jamais que la première

qualité du vin est de ranimer nos forces, comme de vivifier nos esprits : il faut donc qu'il ne soit pas trop vieux pour qu'il soit assez nourrissant et alcoolique, ni trop jeune pourtant pour qu'il ne soit pas nuisible à la santé par sa crudité ou son état de fermentation. On préfère toujours le vin dont le goût flatte le palais et se fait remarquer par un bouquet qui satisfait l'odorat. Il faut qu'il ne sente plus la fermentation, le vin, s'il est permis de parler ainsi. Je l'ai déjà dit dans un précédent travail, et je me plais à le répéter : les vins ont une très-grande influence sur le caractère des populations : très-alcooliques, ils portent les hommes à la colère ; communs, ils nuisent à leur intelligence ; les vins délicats, qui plaisent à l'œil et à l'odorat, les rendent bons, gais et spirituels. Pris en trop grande quantité, les vins rouges engagent au sommeil et les vins blancs surexcitent les nerfs et troublent l'imagination. Enfin l'usage des vins frelatés dérange la raison et abrège la vie.

CUVIER

Le cuvier doit être à l'abri de l'humidité pour la conservation de tout ce qu'il renferme ; il doit être aussi à l'abri des fortes chaleurs qui feraient sécher les vaisseaux vinaires. Ceux-ci doivent être en bois de chêne, afin que le vin ne puisse prendre un goût résineux, s'ils étaient faits avec une autre essence.

Avant de mettre la vendange dans la cuve, on en nettoie l'intérieur avec de l'eau, puis on y passe de l'eau-de-vie avec une éponge. On nettoie aussi l'intérieur des barriques neuves ; c'est de l'eau chaude que l'on emploie pour les barriques de vidange qui ont été négligées. Lorsqu'on craint

que les barriques neuves ne donnent un mauvais goût au vin on y passe encore de l'eau-de-vie.

On n'exagère par la pression du marc, si l'on vise plutôt à faire de bon vin que du vin très-coloré qui ne satisfait que la vue aux dépens du goût. Les fortes pressions privent le vigneron d'avoir avec le résidu de la vendange qu'on lui laisse une boisson assez salutaire pour calmer la soif si vive que lui donnent les rudes travaux de l'été. On fait donc un peu moins de vin, mais il est plus délicat et la boisson du travailleur est meilleure.

La grandeur des cuves est en rapport avec le plus ou moins d'importance du vignoble, même avec le nombre de vendangeurs que l'on emploie habitu ellement, afin que la cuve soit chargée aussi promptement que possible. On évite ainsi d'avoir dans la même cuvée, de la vendange ayant assez fermanté et de la vendange fraîche dont le mélange se ferait mal. Cette précaution est surtout indispen sable quand on fait passer de la vendange blanche dans la cuve. Le vaisseau vinaire est alors chargé complètement dans la même journée. La vendange après avoir été foulée, dérapée et passée à travers un tamis, le vin mis dans la cuve ne tarde pas à entrer en fermentation ; la bourre monte et aussitôt que la croûte qui s'y est formée au-dessus commence à se fendre, ce qui a lieu quelques heures après que la cuve a été chargée, on écoule le vin. Si l'on attendait trop longtemps, la bourre descendrait dans la cuve et on aurait fait un travail au moins inutile. Le vin blanc est alors beaucoup plus tôt cla- rifié que lorsqu'on le met de suite dans les bar- riques. Le déchet est donc beaucoup moins grand lorsqu'on fait les soutirages, surtout le premier, qui donne tant de perte. La boisson du vigneron

est aussi beaucoup plus chargée de vin, puisque
l'on y met la bourre restée au fond de la cuve et
qui n'eût que peu à peu été rejetée par la bonde
de la barrique. On peut en commençant le charge-
ment d'une cuve de vin rouge se dispenser de fouler
les raisins s'ils fondent bien et si l'on est pressé
par le temps ; ils acquièrent peut-être alors un
dernier degré de maturité qui pourrait leur manquer.
Cependant beaucoup de propriétaires font plus que
fouler la vendange : ils la font déraper avec un
rateau et ont ainsi un vin délicat. On recouvre la
cuvée avec une couche épaisse de rape sur laquelle
on met de la paille et que l'on maintient en place
avec des planches. On donne un soin très-attentif
à cette opération, si nécessaire pour éviter une
évaporation d'alcool. On écoule le vin rouge aussitôt
qu'il cesse de fermenter et qu'il est par conséquent
devenu froid. Si on l'écoulait plus tôt, le travail
s'achèverait dans les barriques, mais la bourre sor-
tirait par la bonde. Si au contraire on écoulait le
vin trop tard, la bourre descendrait au fond de la
cuve et donnerait de l'amertume au vin en le trou-
biant. Avant d'écouler le vin, on découvre la vendange, on ôte de cette vendange, tout ce qui est au-
dessus et sent l'aigre. Avec tout ce que l'on sort de
rape et de vendange acide on fait un bon vinaigre,
qui ne coûte que le temps de le faire, en soumettant
le tout à une forte pression.

CELLIER.

Le cellier doit être dans une atmosphère tempérée.
Le froid trop vif ferait troubler le vin, les fortes
chaleurs le feraient fermenter et diminuer considéra-
blement. Le bois des barriques se rétrécissant, on

aurait des interstices entre les joints, qui laisseraient
aller le vin ; enfin plus le vin serait délicat et peu
alcoolique et plus il pourrait aigrir. On serait ainsi
exposé à perdre des récoltes entières. On plâtre le
dessous de la charpente du cellier si l'on n'a pas besoin
d'un grenier ou qu'on ne veuille pas en faire la dé-
pense, afin d'atténuer l'action pernicieuse des saisons
extrêmes. Au-dessous des appartements d'une maison
d'habitation, le cellier est même dans une situation
plus favorable ; mais cette heureuse situation ne se
rencontre guère que dans les petits vignobles où le
cellier a par conséquent peu d'étendue. Des fenêtres
de petites dimensions, exposées du côté du nord, sont
seules pratiquées dans le mur et permettent à de dou-
ces brises de venir rafraîchir le vin. Des supports en
bois ou en pierre recouverte de bois, placés symétri-
quement sur le sol, reçoivent les barriques et les pré-
servent ainsi de l'humidité et de la malpropreté.

On soigne bien les barriques de vidange, seules
employées pour la conservation du vin vieux. Mais
on loge le vin nouveau dans des barriques neuves, le
commerce les veut ainsi et il faut se soumettre à une
réduction sur le montant de la vente lorsqu'on lui
livre de vieilles barriques, au lieu de barriques neuves, contrairement aux conditions du marché : On
s'approvisionne de barriques en bois d'épaisseur ;
elles contiennent moins de liquide et retiennent
mieux le vin que les barriques faites en bois refendu.
A ce choix le commerce lui-même trouve son profit,
parce que les fortes barriques coûtent moins d'entre-
tien et résistent aux longs voyages. En outre, on
s'expose moins à subir un rabais par chaque douelle
cassée, accident qui arrive fréquemment au bois refendu, à la douelle du milieu, déjà affaiblie par le
passage de la bonde, si l'on n'a pas le soin de bien la

choisir parmi les meilleures de la barrique. On fait un bon choix de bois pour les barriques : il en est qui donnent un très-mauvais goût au vin, d'autres, les bois de pays, semblent lui procurer une qualité nouvelle. On évite surtout de loger le vin blanc dans les barriques qui donnent une couleur rousse à ce vin auquel on aime à trouver, au contraire, un reflet d'argent, comme on se plait à remarquer dans le vin rouge ce vermillon qui plait tant à la vue. Enfin, on doit savoir apprécier à quel bois on doit donner la préférence : si c'est au bois de pays plus solide que le bois étranger, ou à ce dernier bois, plus facile à travailler, qui fait de plus jolies barriques, mais qui étant un peu mou absorbe davantage de liquide que le bois de pays. Cependant le bois de pays a beaucoup de nœuds par où le vin peut couler, ce qui oblige de faire usage de cercles en bois, qui donnent les moyens de corriger ces défauts et de les cacher.

SOUTIRAGE DES VINS.

On fait régulièrement trois soutirages aux vins pour les clarifier et les empêcher de fermenter ; les préparant chaque année, ainsi rafraîchis par les deux premiers soutirages, à supporter les fortes chaleurs. C'est à la fin de l'hiver que l'on commence à soutirer le vin nouveau ; et à la pousse et à la floraison de la vigne, les vins des deux années précédentes. Le vin nouveau est aussi soutiré encore à la floraison. Puis, une troisième fois pendant les vendanges, moment où la lie tombe au fond des barriques. Il se fait dans le vin à ces époques de l'année, un travail correspondant à celui de la vigne. Les vins vieux ne sont soutirés que deux fois : Aux mois de mars et de septembre. Enfin, quand

le vin fermente constamment, on fait de fréquents
soutirages, jusqu'à ce qu'on soit parvenu à tempérer
son ardeur. Cette opération est aussi nécessaire avant
de transporter le vin d'un lieu dans un autre ; il est
même de rigueur de le soutirer peu de jonrs avant
de le livrer aux acheteurs. Le vin blanc, qui a beaucoup de çorps, serait bientôt perdu, si on le confiait
à des mains inhabiles à ce genre de travail qui demande alors tant d'attention.

FOUETTAGE DES VINS.

En fouettant souvent les vins, on leur enlève ce
qu'ils ont de nourrissant ; on en fait une boisson
trop sèche, on les use ainsi en les faisant vieillir,
leur ôtant ce qu'ils ont d'onctueux ; on se borne
donc à fouetter le vin s'il a un trouble trop apparant
ou quelque vice de fabrication ou d'origine.

VENTE DES VINS.

On évite de donner des échantillons de vin rouge ;
ils pourraient se dénaturer en les portant ; on n'en
délivre jamais de vin blanc, parce que ce vin, si
facile à se troubler, pourrait fermenter en chemin ;
cela pourrait laisser croire que le vin du cellier est
tel que l'échantillon le représente.

On a mauvaise grâce quand on traite de la vente
de sa récolte, à ne pas vouloir accorder les conditions d'usage ; on demande donc un prix assez élevé
pour ne jamais les discuter. En refusant de déduire
le courtage, on blesse la susceptibilité du courtier,
auquel on doit de faire un marché qui convient
puisque l'on y consent. On contrarie le négociant,
s'il traite comme commissionnaire, obligé de faire

connaître à son mandant les conditions inusitées
du marché, conditions qui peuvent empêcher la
vente si le prix a été fixé d'avance par le consomma-
teur, le courtage venant ainsi augmenter les frais.
En refusant d'accorder l'escompte on prive l'acheteur du bénéfice qu'il a quand l'achat est fait
pour le compte d'autrui et qu'il paie comptant;
ce bénéfice le dédommage du long crédit qu'il fait
journellement; ce n'est donc en réalité, qu'une
compensation du temps qu'il accorde pour être payé.
Acheteur et vendeur se trouvent toujours bien de
l'entremise d'un courtier; pour l'acheteur c'est une
garantie que la marchandise qu'on lui livre est bien
celle qu'il a voulu acheter; pour le vendeur l'assurance d'avoir, en cas de contestation, un témoin
irrécusable de ce qui a été convenu, un juge impar-
tial des difficultés que pourrait faire l'acheteur quand
il reçoit le vin.

Ce travail m'a semblé un complément nécessaire
à mon petit manuel sur la taille de la vigne et à
ma petite brochure sur la maladie de cette généreuse
plante; je le crois utile, comme ces deux ouvrages,
aux personnes qui sont devenues propriétaires de
vignes depuis peu de temps. Puisse tout ce que j'ai
écrit, à leur intention, les préserver des erreurs que
l'on pourrait commettre chez elles; leur facilitant
ainsi les moyens de pouvoir diriger ou contrôler les
travaux si nombreux d'un vignoble.

Bordeaux. — Imp. MÉTREAU et Comp., rue du Parl.-Ste-Catherine, 19.

Bordeaux, Imp. Métreau et Comp., rue du Parl.-Ste-Catherine, 19.

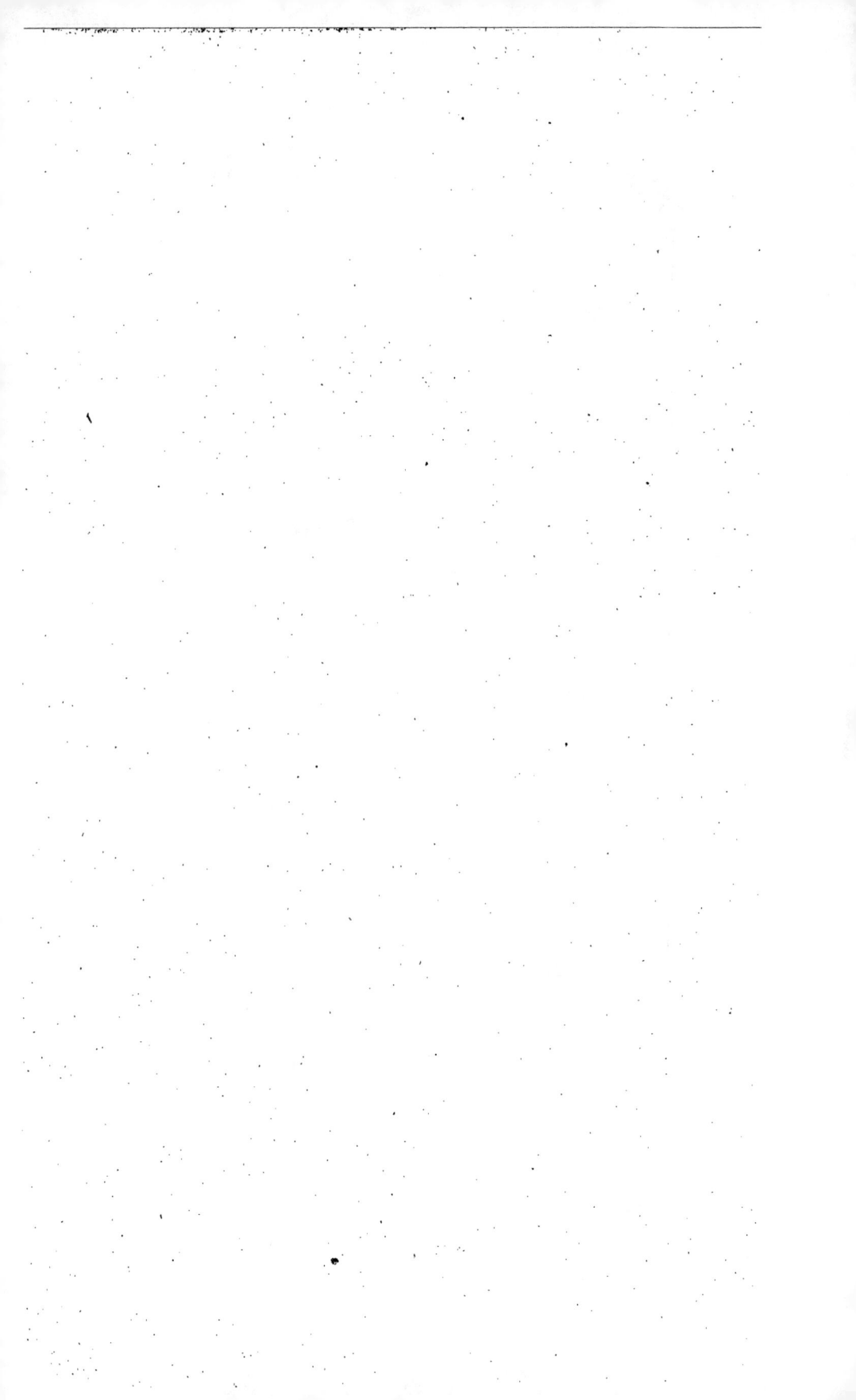

DU MÊME AUTEUR:

Petit Manuel de la Taille de la Vigne. — De la Maladie de la Vigne.

www.ingramcontent.com/pod-product-compliance
Lightning Source LLC
Chambersburg PA
CBHW050449210326
41520CB00019B/6135